Eduard Friedrich Eversmann

Reprint of Eversmann's Addenda ad Celeberrimi Pallasii

Zoographiam Rosso-Asiaticam

Eduard Friedrich Eversmann

Reprint of Eversmann's Addenda ad Celeberrimi Pallasii Zoographiam Rosso-Asiaticam

ISBN/EAN: 9783337315320

Printed in Europe, USA, Canada, Australia, Japan

Cover: Foto ©berggeist007 / pixelio.de

More available books at **www.hansebooks.com**

REPRINT

OF

EVERSMANN'S ADDENDA

AD

CELEBERRIMI PALLASII

ZOOGRAPHIAM ROSSO-ASIATICAM.

EDITED BY

H. E. DRESSER, F.Z.S., &c.

LONDON:
PUBLISHED BY THE EDITOR,
6 TENTERDEN STREET, HANOVER SQUARE. W.
1876.

PREFACE.

SOME years ago the Editor had occasion to refer to Eversmann's 'Addenda' in order to consult the original diagnosis of a bird therein described as new; but after a long and tedious search it was ascertained that no complete copy of all three fasciculi composing the complete work was known to exist. It appears that the sale of the work progressed but slowly, and soon after the issue of the third and last "fasciculus" a fire, which took place at Kazan, destroyed the entire stock; hence the only portion which remained was what had then been distributed. In spite of the most careful inquiries, not only at Kazan, but elsewhere in Russia and in other countries, and the offer of a large sum for a copy, not a single part was obtained; and the only copies known by the Editor to exist are the following odd fasciculi, viz. two copies of fasciculus I. (one in the Royal Library at Berlin, and the other in the library of Viscount Walden), two copies of fasciculus II. (one in the possession of Dr. P. L. Sclater, and the other in the library of the Natural-History Society of Zürich), and one of fasciculus III. (in the last-named library). All these have been placed at the disposal of the Editor, and have

been used in compiling the present reprint. The Editor
has succeeded in matching the type and paper; and as the
pagination and even the misprints in the original have been
scrupulously copied, so as to produce an exact facsimile, it
can be quoted as the original.

In conclusion, the Editor begs to tender his sincere
thanks to the owners of the above enumerated copies for
so generously intrusting such valuable tracts to his care;
thus enabling him to have the present reprint made.

It remains to be added that as the present reprint
approached completion a set of the three "fasciculi" was
found to exist amongst the ornithological tracts forming
part of the library of the late Hugh S. Strickland, recently
presented to the University of Cambridge by his widow.

H. E. DRESSER,

6 Tenterden Street, London.

Sept. 11, 1875.

ADDENDA

AD CELEBERRIMI PALLASII ZOOGRAPHIAM ROSSO - ASIATICAM.

———

A V E S.

AUCTORE Dre EDUARDO EVERSMANN.

KASANI.

In officina Universitatis Typographica.

MDCCCXXXV.

ADDENDA

AD CELEBERRIMI PALLASII ZOOGRAPHIAM ROSSO-ASIATICAM.

———◆———

A v e s.

———

STRIX TURCOMANA, MIHI.

St. aurita, albido-ferruginea, fusco varia, cauda elongata, fasciis quinque fusco variis.

Unum tantum hujus strigis exemplar inter mare Caspium et lacum Aralansem in littore alto saxoso, apud incolas *Tschink* dicto, inveni hieme; cum autem a ceteris congeneribus valde differt, sub proprio nomine describam.

Descriptio. Non multo brevior Bubone, sed multo gracilior et colore laetior. Caput aurïtum supra ferrugineum fusco maculatum, auribus magnis ferrugineis, apice nigris; rostro nigro. Collum et pectus ferruginea, lituris longitudinalibus fuscis; abdomen et crissum pallidiora, vel ferruginoso-albida, lituris longitudinalibus taeniolisque transversalibus fuscis varia. Supra avis pallide ferruginea et albo maculata, ubique fusco fasciatim variegata et irrorata. Remiges ferruginei fusco fasciati, apice obscuriores: primus totus, secundus dimidio, tertius apice serratus. Cauda valde elongata, (in pelle sicco $6\frac{1}{2}$ pollicibus alis longior), pallide ferruginea, taeniolis numerosis fasciisque quinque distinctioribus latis fuscis varia. Pedes cum digitis hirsuti, ferruginei, concolores; ungues magni nigri. — Longitudo pellis sicci duo pedes a capite ad caudae apicem.—

STRIX DASYPUS. Bechst.

St. Tengmalmi. Linn.

St. supra fusca albo maculata, subtus alba fuscescenti transversim maculata, remigibus rectricibusque albo maculatis, pedibus dense plumatis.

In silvis et lucis provinciae Casanensis haud rara occurrit.

Descriptio. Supra fusci coloris, paululum in griseum vertentis, maculis rotundis dorsi, guttulisque capitis albis. Caput grande; peplum magnum sordide albidum, circulo fusco alboque variegato terminatum;

orbita nigra, rostrum versus latior. Remiges fusci, singuli macularum albarum quinque paribus; remex primus totus, secundus et tertius apicem versus serrati. Rectrices fuscae, singulae macularum transversalium albarum quatuor paribus. Subtus avis alba, maculis transversis fuscis vel fuscescentibus; crissum album. Pedes cum digitis dense plumatis albis, maculis obsoletis fuscis; ungues nigri. Rostrum nigrum, culmine myxaque pallide flavis.

Longitudo totius avis a rostro ad caudae apicem $8\frac{1}{2}$ pollic. Paris.

$$caudae \ldots 4''$$
$$tarsi \ldots 1''$$
$$digiti \ medii \ sine \ ungue \ 7'''$$

STRIX PYGMAEA. Bechst.

Str. acadica. Linn.

St. supra russeo-fusca albido guttata, subtus alba fusco liturata, lateribus ferruginoso-fusco fasciolatis; cauda fasciis quinque angustis albis.

In lucis et hortis provinciae Casanensis.

Descriptio. Minima inter nostrates. Supra russeo-fusca, griseo inhalata, maculis seu guttulis crebris albidis. Caput parvum forma Circorum; peplum parvum albido fuscoque variegatum, inferne semicirculo albo terminatum; rostrum nigrum, apice flavum. Gula sordide ferrugineo-albida, fusco transversim liturata; pectus album, lituris longitudinalibus fuscis; hypochondria ferrngineo-fusco albidoque fasciolata; ingluvies, jugulum et crissum alba. Remiges fusi maculis albis, quae per paria fasciis transversis pallidis conjunctae sunt. Cauda fusca, fasciis quatuor aut quinque angustis albis. Pedes dense plumosi albidi, ferruginoso-fuscescenti sordidi. Ungues nigri.

Longitudo totius avis $5''$ $4'''$ ad $6''$ $4'''$ Parisior.

        caudae $2''$ $10'''$

        tarsi $9'''$

        digiti medii sine ungue $6\frac{1}{2}'''$

CRUCIROSTRA PYTIOPSITTACUS. Brehm.

C. rostro fortiori, mandibulis decussantibus digito medio brevioribus.

CRUCIROSTRA PINETORUM. Brehm.

C. rostro debiliori, mandibulis decussantibus productioribus longitudine digiti medii.

In Zoographia rosso-asiatica hae duae Crucirostrae sub communi nomine Loxiae Crucirostrae conjunctae sunt. Tum hanc tum illam in provincia Casanensi saepe observavi.

FRINGILLA PETRONIA. Linn.

F. supra fuscescenti-grisea, lituris fuscis albidisque, vitta supraciliari gastraeoque sordide albidis, rectricibus macula apicali pogonii interni alba; rostro cereo.

Nullibi in Rossia hanc avem vidi nisi in monticulis Inderiensibus prope oppidum Indersk ad Rhymnum (Ural) fluvium inferiorem, ubi circa saxa gypsea gregatim volitabat mense Aprili.

Descriptio. Statura passeris, sed paululum major. Supra fusco-grisea, lituris maculisve obsoletis luteo-griseis et albidis, ad modum passeris; subtus sordide albida; hypochondriá fuscescunt. Tractus supraciliaris ad cervicem perductus sordide lutescenti-albidus. Remiges fusci sordide lutescenti-albido marginati. Rectrices fusco-lutescentes, vel colore dorsi, apicemque versus sensim infuscantur; pogonium autem internum macula magna alba terminatur. Rostrum crassum, conicum, cerei coloris, apice lividum. Pedes flavescentes; ungues apice nigricantes.

Longitudo avis a rostri apice ad caudae apicem usque $5''$ $6'''$

caudae . . . . . . $2''$ $1'''$

rostri ad frontem $5\frac{1}{2}'''$; ad angulum oris $7'''$;

latitudo rostri baseos $3\frac{2}{3}'''$; altitudo

rostri baseos 4'''.

tarsi . . . . 7$\frac{2}{3}$'''.

digiti medii sine ungue 6'''.

EMBERIZA MELANOCEPHALA. Scopoli.

E. subtus flava, cauda nigra immaculata, mesorhinio tumido, capite maris atro.

In campis ciscaucasicis et in Caucasi promontoriis frequens avis. In plantis excelsioribus siccis anni praeteriti sedens cantum monotonum, Emberizae aureolae similem, perpetuo profert; homine accedente turbata in alterum virgultum siccum transvolat et cantum denuo incipit.

Descriptio maris. Rostrum crassum nigricans aut cornei coloris, mesorhinio tumido. Pileus et latera capitis aterrima. Cervix et tota aviculae pars inferior ab ingluvie ad crissum usque flavissimae. Dorsum cinnamomeo-fulvum; uropygium magis flavescit. Alae et cauda nigricantes. Pedes cum unguibus pallescentes.

Marem juvenem in Caucaso occidi, maxime a forma primitiva distantem, quem, si in Museo Berolinensi exemplaria transgressum inter hanc et nostram formantia non vidissem, pro specie singulari habuerim. Supra avicula fuscescentigrissia, fusco

liturata, ad modum Emberizae miliariae, cervix et uropygium e virescente flavescunt; subtus avis ubique
flava. Cauda et alae fuscae, remiges et alarum
tectrices superiores griseo marginatae. Rostrum
pallide plumbeum sine gibbo inter nares; et hunc
iutumescentiae defectum pro charactere speciei sin-
gularis habere volui.

Longitudo totius avis $6''$
  caudae . . $2''\ 7'''$
  rostri ad frontem $6\frac{1}{4}'''$, ad angulum oris $7\frac{1}{4}'''$
  tarsi . . . . . . $9\frac{1}{4}'''$
  digiti medii sine ungue $7\frac{3}{4}'''$.

ALAUDA BRACHYDACTYLA. Leisl.

A. supra fuscescenti-grisea fusco liturata, subtus sordide alba, gutture nigro-striolato ;
rostro brevi crasso conico.

In campestribus australioribus provinciae Orenburgensis et in desertis circa mare Caspium abundat, pro-
miscue cum alauda arvensi, in cujus societate advolat
et avolat; deserta attamen subnuda, herbis humilioribus
obducta, magis amat, quam alauda arvensis. Ultra 50^{mum}

latitudinis gradum vix reperitur ; alauda arvensis e cont-
rario longe septentrionem versus demigrat.

An haec avis vera alauda brachydactyla Leisleri sit,
certo affirmare nolim ; saltem tamen illi simillima. Cele-
berrimum Pallasium hanc confusam habuisse cum alauda
arvensi, cui colore simillima, nihil dubii est cum turmae
earum numerosae oculis scrutatoriis effugere haud po-
tuissent.

In descriptione itineris variis in locis provinciae
Orenburgensis et Astrachanensis a me facti, impressa
in ,,Journal der neusten Land-und Seereisen, redigirt
von Dr. Friedenburg, Jahrgang 1831. pag. 65.‘‘, de hac
alauda jam mentionem feci, et falso pro alauda pispoletta
Pall. Zoogr. habui, quod his corrigere velim. Alauda
pispoletta Pall. est, sine dubio, Anthus aquaticus Bechst.

Descriptio.   Rostrum crassum breve, in viva lutescens,
   dorso et apicem versus infuscatum, post mortem
   plumbeum apice infuscatum. Supra tota avis grisea
   fusco liturata ; liturae autem multo minores quam in
   alauda arvensi, unde color magis griseus. Crissum
   a tergo haud differt. Subtus avis sordide alba ; hypochondria vix ferruginosa striolis obsoletis fusco-ferru-
   ginosis ; guttur ubique striolis seu maculis acutis nigris ; gula et ingluvies aeque ac pectus et abdomen
   immaculata. Tractus supraciliaris albidus. Alae et

cauda ut in alauda arvensi, sed magis cinereae;
Rectrix utrinque extima alba pogonio interno dimidiatim nigro; secunda nigra pogonio externo albo.
tertia externe albo marginata. Pedes, digiti et ungues tenuiores et graciliores quam in alauda arvensi;
digiti insuper breviores, praesertim posticus. His
et rostro crasso brevi optime haec avis ab alauda
arvensi dignoscitur, nec non magnitudine minore.

Longitudo totius avis $5''$ $4'''$.
          caudae . . . . $2''$ $5'''$
          rostri ad frontem $4\frac{1}{4}'''$; ad angulum oris $6\frac{1}{2}'''$.
               Latitudo rostri baseos $2\frac{1}{2}'''$—$2\frac{2}{3}'''$.
          tarsi . . . . $9\frac{1}{3}'''$
          digiti medii cum ungue $7\frac{1}{3}'''$; unguis $2\frac{3}{4}'''$.
          digiti postici sine ungue $2\frac{2}{3}'''$—$3'''$; unguis (qui
              maxime variat in alaudis) $3\frac{1}{2}'''$—$5'''$ et
              ultra.

Comparationis causa mensura alaudae arvensis e campis Orenburgensibus huc locetur :

        Longitudo avis . . . $6''$ $4\frac{1}{2}'''$
            caudae. . $2''$ $6'''$
            rostri ad frontem $5\frac{1}{6}'''$;
            ad angulum oris $7\frac{3}{4}'''$.
            tarsi . . . . $11\frac{1}{2}'''$

digiti medii cum ungue $9\frac{1}{2}'''$; unguis $2\frac{1}{2}'''$.

digiti postici sine ungue $5\frac{1}{4}'''$; unguis $4\frac{1}{2}'''$—$6'''$
et ultra, quin quod etiam $12\frac{1}{2}'''$ praesentem
habeo.

ALAUDA ARBOREA, Linn.

A. rostro gracili subulato, rectricibus utrinque
quatuor exterioribus apice albis.

Haec alauda ornithophilis sub nomine Julka bene
nota est, et excellentis cantus causa caro venditur.
Rostro acuto cauda brevi, rectricibus quatuor externis
apice albis, nec non ungue postico longissimo facilis
ab omnibus congeneribus distincta, et illam a Pallasio
perspicace neglectam esse mirandum est. In provincia
Casanensi non nidificat; mense Aprili autem, tempore
migrationis septentrionem versus et orientem, magno
numero aucupibus capitur. In provincia Waetka nidu-
lari dicunt.

> *Descriptio.* Rostrum subrectum tenue gracile
> subsubulatum; maxilla apice deflexa, utrin-
> que emarginata, fusca, basi pallida; mandibu-
> la pallida, apice fusca. Avicula supra fusce-
> scenti-grisea lituris magnis nigrofuscis, praesertim

capitis ; nucha magis grisea. Vitta supraciliaris ad
nucham usque albida; genae ferrugineo-fuscescentes.
Remiges fusco-nigri; primores externe albomarginati;
flexura alae albo nigroque variegata ; alula nigra
basi apiceque alba. Cauda breviuscula nigra, rectricibus utrinque quatuor exterioribus cuneo apicis
albo: extimo maximo, quarto minimo. Subtus avis
albida, gutture maculis crebris oblongis acutis nigris
guttato, hypochondriis obsolete fusco striatis. Pedes
flavescentes unguibus pallescentibus , anterioribus
apice nigris, postico longissimo subrecto.

Longitudo totius avis . . . . $5''$ $2'''$
  rostri ad frontem $6'''$; ad angulum oris $8'''$
  caudae . . . . . . $2''$ —
  tarsi . . . . $10'''$
  digiti medii cum ungue $8\frac{1}{2}'''$; unguis $2\frac{1}{2}'''$.
  digiti postici sine ungue $4\frac{1}{4}'''$. Unguis variat.

ANTHUS CAMPESTRIS Bechst.

A. supra fusco-griseus obsolete fusco lituratus ,
  subtus e luteo sordide albidus, rectricibus duabus exterioribus maxima parte albis , secunda
  rhachi versus apicem fusca.

Inhabitat loca silvosa et rivulosa provinciae Orenburgensis.
Advolat sub finem Aprilis , et avolat Augusto mense.

Descriptio. Rostrum magnum in hoc genere , rectum ,
  gracile, subulatum; maxilla fusca, basi pallida, pone

apicem utrinque emarginata ; mandibula lutescens apice fusca. Supra avis indumento alaudino, i. e. fusco-grisea , fusco liturata. Vitta supraciliaris a naribus ad nucham sordide lutescenti-albida. Alae breves , caudae dimidium vix attingentes ; paraptero seu plumis scapularibus sat longis, ala paulo brevioribus; remigibus fuscis anguste griseo marginatis: primo brevissimo, secundo tertio et quarto fere aeque longis; secundariis emarginatis; tectricibus superioribus fuscis, margine externo lato ferrugineo-griseo, quo fasciae duae alarum obliquae plus minus distinctae formantur; tectricibus inferioribus sordide ferrugineo-albidis. Cauda emarginata aut subbifurca, rectricibus duabus externis albis, margine interno diagonaliter fuscis, rhachide rectricis secundae insuper versus apicem fusca; rectrice tertia fusca, summa apice macula parva alba; ceteris fuscis.—Subtus avis sordide ferrugineo-albida, hypochondria intensiora, gula pallidior utrinque vittula fusca. Pedes cum unguibus pallidi; unguis posticus modice curvatus longitudine digiti.

Longitudo avis . . . . . $5''$ $10'''$

caudae. . . . $2''$ $9'''$

rostri ad frontem . $5\frac{3}{4}'''$; ad angulum oris $9'''$.

tarsi . . . . . $1''$ —

digiti medii cum ungue $8'''$; unguis $2'''$.

digiti postici cum ungue $7'''$; unguis $4'''$.

ANTHUS PRATENSIS Bechst.

? Motacilla cervina Pall. Zoograph. pag. 511

A. supra fusco-griseus nigro-fusco lituratus, subtus sordide ferrugineo-albidus nigro maculatus,
vitta supraciliari guttureque cervinis, rectrice
extima diagonaliter alba.

Habitat in campis australioribus provinciae Orenburgensis, in pratis arundinosis juxta rivulos.

Descriptio. Rostrum gracile rectum subulatum, basi aeque
altum ac latum, maxilla nigra, pone apicem utrinque
emarginata ; mandibula pallida apice fusca. Caput,
collum et truncus supra indumento alaudino ,
i. e. fusco-grisea et fusco liturata: singula plumula disco
fusca aut nigra, qui color marginem latum fusce-
scenti-cinereum versus sensim ablutus est. Vitta supraciliaris et guttur cum ingluvie cervini coloris, sine
maculis et lituris; jugulum versus color hic sensim
pallescit et in colorem abdominis pallide ferrugineo-
albidum transit ; jugulum pectus et hypochondria
maculis guttulisque oblongis nigris varia. Alae
breves, caudae dimidium attingentes, nigro-fuscae.
Parapterum seu pennae scapulares sat longae , ala
paulo breviores, late albido marginatae. Remex
primus minutus, vix conspicuus; secundus tertius et
quartus aeque longi, quintus paulo brevior. Tectrices superiores alarum late albo marginatae. Cauda

2 *

emarginata, aut subbifurca, nigro-fusca, rectrice extima alba margine interno diagonaliter fusca, secunda fusca cuneo albo, tertia apice alba. Pedes pallide infuscati; ungues fusci, posticus modice curvatus, digito paulo longior.

Longitudo avis . . . . . 5″ 5‴
     caudae . . . 2″ 3‴
     rostri ad frontem 4¾‴; ad angulum oris 7‴.
     digiti medii cum ungue 10‴; unguis 2½‴.
     digiti postici cum ungue 9″; unguis 5¼‴.

Ad hoc genus insuper spectant faunae rossicae duae species: Anthus aquaticus Bechst. (Alauda Pispoletta Pall. Zoogr. p. 527), et Anthus arboreus Bechst. (Motacilla Spipola Pall. Zoogr. p. 512.). —

SAXICOLA SQUALIDA mihi.

S. supra fusco-grisea, subtus sordide ferruginoso-albida; loro atro vitta supra ciliari albida terminato.

Dum Saxicola haec nulla cum descriptione quadret, suo nomine notare liceat. Duos mares praesentes habeo, quos die 23 Martii in inferiore Rhymno prope oppidum Indersk occidi. Femina, occisa die 24 Maji in monte Bogdo, vix differt a mare, nisi magnitudine paulo minore.

Descriptio. Avis quam volo multo major Saxicolâ Oenanthe et proportione alia. Supra (pileus, dorsum et alarum tectrices) ubique sordide fusco-grisea; uropygium album. Subtus sordide ferruginoso-albida; gula magis albescit, in pectore color ferruginosus intensior est. Vitta a naribus usque ad oculos atra, et tractu supra ciliari albo a naribus supra oculos ad nucham usque prolongata superne terminatur. Remiges fuscescentes margine interno albi; subtus alae albae versus apicem fuscescunt. Rectrices (exceptis duabus intermediis) dimidio apicali nigro, basali albo; rectrices duae intermediae nigrae, basi albae. Rostrum, pedes et ungues atra.

Longitudo avis . . . . . $6''$ $1'''$
      caudae . . . $2''$ $2\frac{1}{2}'''$
      rostri ad frontem $6\frac{1}{2}'''$; ad angulum oris $10\frac{1}{2}'''$
      tarsi . . . . . $1''$ $2'''$
      digiti medii sine ungue $6\frac{3}{4}'''$
      digiti postici sine ungue $4'''$.

Comparationis causa Saxicolae Oenanthes mensuram his apponam :

Longitudo avis . . . . $5''$ $3'''$
      caudae . . $2''$ $2'''$
      rostri ad frontem . . $5\frac{2}{3}'''$; ad angulum oris $8\frac{1}{4}'''$
      tarsi . . . . $11\frac{1}{2}'''$

digiti medii sine ungue $6\frac{2}{3}$

digiti postici sine ungue $3\frac{2}{3}$

SILVIA NISORIA Bechst.

S. supra cinerea, subtus alba cinereo imbricatim undulata , rectricibus utrinque tribus extimis margine interno late albis, oculis flavissimis.

In arbustis paludosis prope Casan frequentem observavi anno praeter lapso (1834). Ex una arbuscula in alteram transvolat et in summo ramo sedens, praeter cantum Silviis proprium, clamorem illi passeris irati similem tollit. Victitat insectis, sed praecipue permagnam copiam helicum minutarum in ejus ventriculo inveni.

Descriptio. E maximis hujus generis. Supra cinerei coloris qui paululum fuscescit ; plumulae urop"gii et tectrices alarum fascia apicis nigricante notatae , summo apice autem albo terminatae. Subtus alba, fasciolis crebris undulatis nigricantibus vel cinereis, Falconis nisi instar, gulae et ingluviei crebrioribus, hypochondriorum et crissi majoribus et squamatim dispositis ; pectus magis albescit. In juniore ave fasciolae rariores. Alae fuscae fasciis duabus albis obliquis, per apicem tectricum album formatis ; remex primus margine externo tenuissimo albo , ce-

teri griseo ; remiges secundarii margine apicis albo.
Cauda cinereo fusca : rectrix prima margine externo
tenui albo, et margine interno apicem versus latis-
sime albo ; secunda et tertia margine interno versus apicem tantum alba; quarta et quinta margine
apicali albo. In ceteris autem coloris albi extensio
variat. Rostrum fortiusculum maxilla nigra, mandibula ad basin flavescente , apice nigra. Pedes
fortiusculi flavescenti-plumbei , unguibus plumbeis.
Oculi mediocres, iridibus flavissimis.

Longitudo avis a rostri apice ad caudae apicem usque $6''$ $7'''$
      alarum expansarum $10''$
      caudae . . . . . . $2''$ $10'''$
      rostri ad frontem . $5\frac{1}{2}'''$; ad angulum oris $8'''$
      tarsi . . . . $11\frac{1}{4}'''$
      digiti medii sine ungue $6\frac{1}{2}'''$
      digiti postici sine ungue $4'''$; unguis $2\frac{2}{3}'''$.

SILVIA HORTENSIS Bechst.

S. supra griseo-olivaceo-fusca, subtus albida, loro
albo-pallido, alis caudaque totis fuscis , cauda
subrotundata, rostro pedibusque plumbeo-nigri-
cantibus.

In arbustis circa fluvios et paludes provinciae Casanensis haud rura occurrit. — Celeberr. Pallas in Zo-

ographia pag. 492. Motacillam salicariam descripsit, quae quidem nostrae similis, sed tamen diversa videtur.

Descriptio. Supra avicula ubique griseo-fusca in olivaceum vertens, concolor; subtus sordide albida:
guttur et abdominis latera sordide fuscescentia; pectus
abdomen et crissum alba. Alae et cauda fuscae,
concolores; tectrices alarum inferiores sordide lu-
tescentes. Remex primus minutissimus acutus,
secundus, et tertius longissimi subaequales. Cauda
subaequalis, vel rectricibus internis paulo longioribus. Rostrum fortiusculum', maxilla nigricante,
mandibula ad basin magis minusve flavescente. Pedes cum unguibus plumbei coloris.

Longitudo avis . . . . . . $5''$ $3'''$
          caudae . . . . . $2''$ $4'''$
          rostri ad frontem $4\frac{3}{4}'''$; ad angulum oris $7\frac{1}{2}'''$
            Latitudo rostri baseos $2\frac{1}{2}'''$.

        tarsi . . . . $9\frac{1}{3}$.
        digiti medii sine ungue $6'''$.
        digiti postici sine ungue $4'''$.

SILVIA GARRULA Bechst.

Motacilla dumetorum Linn.

Silvia curruca Brehm. Latham.

S. supra fusco-cinerea, subtus alba, rectrice extima nigricante albo marginata, secunda summo apice alba.

Habitat in fruticetis provinciae Orenburgensis.

Descriptio. Minor quam Silvia cinerea, cui similis; rostrum ejusdem figurae, sed paululum angustius, nigrum, mandibula ad basin pallida. Pedes cum unguibus nigricantes aut plumbei, forma Silviae cinereae. Supra avicula cinerea fusco adhalata, capitis pileus magis cinereus; subtus alba, pectus et hypochondria vix sordide grisea. Alae et cauda fuscae, remex primus minutus', alae dimidium attingens, tertius et quartus maximi, secundus et quintus una linea illis minores. Rectrix extima pallide nigricans, margine interno et pogonio externo toto albis; secunda summo apice alba.

A Silvia cinerea facile distinguitur defectu marginis ferruginei remigum secundariorum et tectricum; retrice primo, quamquam minuto, tamen multo majore quam in Silvia cinerea, ceterisque.

Longitudo avis . . . . . . 4″ 11‴.

     caudae . . . . . 2″ 3½‴.

     rostri ad frontem 4⅓‴; ad angulum oris 5½‴.

tarsi . . . . $9'''$

digiti medii sine ungue $5\frac{3}{4}'''$, unguis $2\frac{1}{8}'''$.

SILVIA PALUSTRIS Bechst.

S. supra olivaceo-fusco , concolor , subtus albida, ferrugineo-lutescente inducta; vitta per oculos albida.

Habitat frequens in salicetis paludosis provinciae Casanensis. Advolat , ut congeneres , subfinem mensis Aprilis et in initio Maji, avolat jam Augusto, primo frigore.

Descriptio. Rostrum basi latum , depressum ; maxilla nigra, tomio flavido; mandibula flavida , apice vix infuscata; nares ovales ; vibrissae tres aut quatuor majores nigrae pone angulum oris. Caput collum et truncus supra olivaceo-fusca, concolora, et quidem capitis vertex concolor est, absque lituris ; subtus sordide lutescenti-albida: gula et regio sternalis albidiores seu pallidiores. Alae et cauda rotundata nigrae aut fuscae , rhachidibus supra nigris , infra albis ; tectrices alarum inferiores cum gastraeo concolores, seu albido-lutescentes. Pedes flavescentes debiles, graciles; ungues vix infuscati.

Longitudo avis . . . . . $4''$ $10'''$.

rostri ad frontem $4\frac{2}{3}'''$; ad angulum oris $7\frac{3}{4}'''$.

caudae . . . . 2″ —

tarsi . . . . 10‴.

digiti medii cum ungue $7\frac{3}{4}$‴ ; unguis $2\frac{1}{4}$‴.

SILVIA PHRAGMITIS Bechst.

S. supra fusco-olivacea, capite nigro liturato, uropygio olivaceo-ferrugineo , vitta supra oculos sordide lutescente ; subtus sordide albida, obsolete ferrugineo inducta.

Habitat in salicetis et arundinetis provinciae Casanensis. Sero advenit , et cito , una cum congeneribus , mutatione plumae nondum peracta abit.

Warakuschka Casanensibus auditur, sed cum aliis Silviis confunditur.

Descriptio. Rostrum rectum gracile , basi vix latins quam altum ; nares ovales; maxilla nigra, pone apicem utrinque leviter emarginata, culmine inter nares distincto , acutiusculo ; mandibula basi albida aut flavescens, apice nigra. Frons depressa, sicut totum caput producta, rostrum versus acuminata. — Supra avis fusco-griseo-olivacea, fusco liturata: liturae in capitis vertice magnae et distinctae, nigrae; uropygium versum sensim disparent. Vitta supraciliaris sordide albida seu pallide ferruginea. Uropygium olivaceo-ferrugineum. Alae breves, caudae dimidium attingentes, remigibus nigris, sordide albido marginatis. Cauda rotundata nigra. — Subtus avis ubique ferrugineo sordide albida, gula pallidiore seu fere alba, hypochondriis intensioribus et paululum infuscatis. Pedes graciles cornei coloris, unguibus apice nigris.

Longitudo avis . . . . . . $4''$. $5'''$.
      caudae . . - . . $1''$ $11'''$
      rostri ad frontem $3\frac{3}{4}'''$; ad angulum oris $7'''$
              Latitudo rostri baseos $1\frac{3}{4}'''$
      tarsi . . . . . . $8\frac{1}{2}'''$
      digiti medii cum ungue $7\frac{1}{2}'''$; unguis $2\frac{1}{4}'''$.

SILVIA HIPPOLAIS Linn.

S.   supra fusco olivacea, concolor ; subtus flava; vitta per oculos pallida.

Habitat in salicetis paludosis provinciae Casanensis. Venit et abit cum Silvia palustri.

Descriptio. Rostrum ad basin valde dilatatum, depressum ; maxilla fusca, mandibula tota flavescens ; nares ovales ; vibrissae tres majores nigrae ad

angulum oris. Corpus cum capite supra fusco-olivaceum concolor, absque lituris ; tota pars inferior
a gula ad crissum usque, tectrices alarum inferiores, nec non vitta a naribus per oculos ducta dilute flava, sine sordibus. Alae et cauda emarginata nigrae, remigibus rectricibusque olivaceo marginatis, rhachidibus nigris.   Pedes et ungues corneo-
li coloris.

Longitudo avis . . . . . 4″ 10‴.
    candae . . . 2″ 1½‴
    rostri ad frontem 5‴ ; ad angulum oris 7″.
        Latitudo rostri ad basin 2¾‴.
    tarsi . . . . 9½‴
    digiti medii cum ungue 7‴ ; unguis 2‴.

COLUMBA LIVIA Brisson.

C. ceromate turgido albo, rostro molli flexili,
uropygio concolore tergo.

Columbae liviae historia naturalis magna parte hu-
cusquo latet, et quibus in regionibus illa sponte repe-
riatur adhuc sub judice lis est.   Quam ob causam, quae
per plurium annorum seriem de hac columba in provincia Orenburgensi observavi, his tradam ; eo magis,

cum celeberrimus Pallas in Zoographia, rosso-asiatica nihil de ea monuerit, et illam simpliciter pro Columbae Ocnadis varietate protulerit.

Columba livia in provincia Orenburgensi avis est peregrina, quae quotannis vernali tempore nive soluta advolat, et autumno, frigorum initio, magnis turmis (: saepe qningenis individuis junctis :) loca illa relinquit. — Incolae rossici hanc columbam a columba oenade bene distinguunt, et propter constantem characteristicum colorem splendentem luteo-rubescentem pectoris, proprio nomine *Glinka* illam denominant, derivato a *Glina*, quod significat lutum. Hoc colore rubescente nec non ceromate turgido albo, rostro molli flexili, corpore minore et graciliore, facile distiguitur.

Simul ac C. livia advolavit, haud raro in locis denudatis, vel in viis vel in campis siccis, nec non circa pagos in ruderatis et circa horrea, acerva frumentaria, et cetera, pabulum colligens reperitur; nunquam autem in pagos ipsos involat, et nunquam in domuum culmina sedit. Quamvis licet C. Oenas, quae in omnibus pagis vulgatissima et passerum instar habitat, promiscne cum C. livia iisdem in locis supra dictis versetur, tamen ab ejus societate semper abstinet, semperque singulae speciei individua inter se junctim ambulant. — C. livia, cibo satiata, mox in sylvam propinquam, ejus refugium, revolat. Habitacula ei gratissima sunt sylvae collucatae, vel fruticeta altis arboribus partim emortuis intermixta, et peculiariter in magnos arborum ramos siccos insidere solet. Frequentissima in promontoriis Uralensibus occidentalibus et australibus, quae Baschkiris habitantur; etiam in campis provinciae Orenburgensis siccis magis occidentalibus et australioribus, ubi rivuli arboribus et fruticetis limitati non desunt, reperitur. Septentrionem versus longe se non extendit, et ad provinciam Casanensem usque nunquam advotat; juga Uralensia vix transmigrat, illam ibi vidisse haud memini; in provincia Astrachanensi, nec non Saratowiensi inveniri dicitur. — Nidum ponit bis per annum in altis arboribus partim exsiccatis. Nido et pullis occupata rarius videtur; ad pabulum colligendum e sylva brevi tempore evolat, et mox refugit. Autumnum versus crebre apparet; et sero autumno, bene nutrita, provinciam Orenburgensem magnis turmis relinquit.

Columba livia spontanea nunquam variat, nec habitu, uec colore; nunquam varietatem licet minimam raperi, quae in C. Oenade saepissime observatur. Columbam liviam spontaneam ab incolis Orenburgensibus mansuefactum esse nondum audivi. —.

Columbam domesticam a C. livia ortam esse Ornithologi docent. Fortasse originem a pluribus speciebus traxit. In Rossia orientali omnes Columbae domesticae sunt Oenades, exceptis paucis (: praecipue C. gyrat-

rice :), quae Mosqua Onithophilis adducuntur. C. Oenas
colore maxime variat, quum in statu domestico tum in
spontaneo: in urbibus quae reperiuntur, plerumque alicujus
domini sunt, in pagis autem nemo illas colit, et passerum
instar in tegminum stramine aut sub tegminibus, vel in
ceteris locis aptis nidificant, et hyeme non transmigrant ; pariter et in sylvis, in cavernis, in saxis, litto-
ribus praeruptis, ceterisque locis incultis vulgatissimae
reperiuntur, et hae partim transmigrant, partin ibi hye-
mant. In provincia Orenburgensi copiosissimae sunt, et
in pagis et in locis incultis, in saxis, etc ; in montibus
Uralensibus ubique, cum cis tum ultra eos, immensis
turmis in viis et ceteris locis incultis pabulum colligen-
tes inveniuntur ; quid multa ? transitum evidentissimum
a statu spontaneo in domesticum videmus et hanc columbam ipsam ad homines venisse, et homines illam non
cicurem fecisse cognoscimus ; primo frumentis, vel ge-
neraliter pabulo invitatam esse nihil dubii est. —

PELECANUS ROSEUS mihi.

P. dilute roseus, remigibus nigris ; angulo frontali (plumoso) exserto !

Sic denominare velim Pelecanum, quem anno 1829
mense Aprili in inferiore Jaico fluvio migrantem occidi,
et qui longe differt a Pelecano vulgari seu Onocrotalo.

Pelecanum, immenso numero paludem Maeotidem,
mare Caspium et lacus magnae Tatariae inhabitantem,
unum cum illo esse, qui rarius in Hungaria, Austria
et cetera Europa invenitur, et qui avibus Europaeis adnu-
meratur, nihil dubii est. Celeberrimus Pallas hanc avem
(ex consuetudine) optime descripsit in Zoographia
rosso-asiatica ; si autem ceteri Ornithographi europaei
Onocrotalum europaeum in aetate provecta roseum esse
dixerint, sine dubio avem ex Africa aut India orientali
allatam praesentem habuerunt, quae forsitan eadam cum
meo Pelecano roseo sit. — Pelecanus Onocrotalus, qui
mare Caspium et nigrum inhabitat, nunquam, nullo
tempore et nulla aetate roseus videtur, quamquam innu-
merabili copia marium littora paludosa frequentat; color
ejus semper plus minusve griseus vel albidus est: quo
junior, eo magis griseus; quo adultior, eo albidior.

Pelecanus roseus, de quo tradam, et qui verosi-
mile idem cum Onocrotalo adulto roseo auctorum,

3

practer colorem, maxime differt ab Onocrotalo vulgari, et sine dubio speciem singularem refert. — Vernali tempore anni 1829-ni, cum per sex hebdomades in inferiore Jaico (Ural) fluvio haererem, et aves migratorias, quotannis immensi copia fluvii directionem migrando sequentes observarem, mihi contigit, ut Pelecano pulcherrime roseo potitus sim, et comparatione illius cum Onocrotalo vulgari magnam earum differentiam facile intellexi. — Incolis Cosaccis bene notum est, Pelecanum illum roseum quotannisper illa loca transvolare, quamquam in parva copia (: 4, 6 ad 8 conjuncti :); quorsum autem transmigrat, illis ignotum est; in territorio rossico haud remanet more Onocrotali vulgaris, quem bene ab illo dignoscunt.

DESCRIPTIO COMPARATIVA.

PELECANUS ROSEUS.	PELECANUS ONOCROTALUS.
Mole fere duplo major.	Mole minor.
Maxilla flava culmine livido-coeruleo, dertro tomioque rubris. Mandibula apice flava, basi livido-coerulea, tomio rubro.	Rostrum lividum, dertro lutescente.

PELECANUS ROSEUS.

Angulus frontalis extra versus ; i. e. capitis seu frontis pars plumosa in rostri culmen angulum acutum emittit.

Saccus gulae major, et pulchre et vivide flavus, seu flavissimus.

Collum crassum, ubique plumulis tenerrimis aequalibus, vel lanugine tectum, postice absque juba, in nucha autem crista longa comosa e plumulis sincipitis elongatis formata.

PELECANUS ONOCROTALUS.

Angulus frontalis inversus ; i. e. rostri culmen in capitis partem plumosam antri gulum immittit.

Saccus gulae sordide luteus.

Collum gracilius ; ejus plumulae ab utroque latere postice conveniunt, et a nucha usque ad colli dimidium cristam jubaeformem haud insignem formant; hujus jubae plumulae in nucha majores, et ad dimidium colli gradatim diminuuntur.

PELECANUS ROSEUS.

Tota avis rosea ; sollum-modo remiges primarii nigri; secundarii externe albi, interne nigri ; secundarii ulti-mi margine externo tenui nigro. Alula nigra. Cauda tota candida, vel rosea. — (: Omnes hae partes nigrae in ave sedente sub tegmini-bus latent , et non viden-tur. :).

PELECANUS ONOCROTALUS.

Avis supra magis minusve grisea, subtus alba. Caudae rectrices pogonio externo griseo-nigricante, interno al-bo. Alae remiges primarii (10) nigri, summa basi al-bi; secundarii (23—30) nigri margine lato griseo , basi ubique albi. Alula nigricans. Tectrices griseae.

Colorem in speciebus distinguendis non magni mo-menti esse concedo, sed angulus frontalis tanto magis valet.

ADDENDA

AD

CELEBERRIMI PALLASII

SOOGRAPHIAM ROSSO-ASIATICAM.

FASCICULUS II.

AUCTORE

Dre. Eduardo Eversmann.

CASANI.

Ex Universitatis officina typographica.

1841.

Перепечатано изъ 1 книжки Ученыхъ Записокъ Казанскаго Университета.

ADDENDA

AD

CELEBERRIMI PALLASII

Zoographiam Rosso = asiaticam.

FASCICULUS II [1].

—

ARCTOMYS ALTAICUS Ev.

A. Supra cinerascens, fuscescenti-subundulatus, (pilis basi apiceque albis, medio fuscis, codario nigro, subtus albus, lateribus postice ferrugineus ; cauda dimidio corporis longiore, longe pilosa, subtus ferruginea, supra pilis basi ferrugineis, medio nigris, apice albis vestita.

[1]. Fasciculus I. anno 1835 in annalibus Universitatis Casanensis (ученыя записки) impressus est.

Iam antea (in Bulletin des Naturalistes de Moscou, 1840. N° 1·) de tribus Citillorum rossicorum speciebus tractavi, et earum differentiam specificam demonstravi; nunc quartam speciem illis addere possum, loca montium altaicorum herbida in colentem, quamque nomine A. altaici distinguere velim. Primo adspectu similis est A. undulato Tem., qui campos aridos provinciae Casanensis et Orenburgensis borealis inhabitat, sed diversus est : cauda multo longiore et capitis lateribus albis facile distinguitur.

Descriptio. Vellus pilis brevibus, subaequilongis. Notaeum albido fuscoque subundulatum (fere ut in A. mugosarico), pilis summa basi (codario) nigris, tunc albidis, tunc fuscis et tandem apice albis, (colore fusco et albo adumbratio undulata efficitur),— capitis pars supina obscurior, pilis basi nigris, medio fuscis, summo in apice albidis ;—margo auricularis pro genere magnus, subconcolor ;—vitta supraciliaris, capitis latera, guttur, gastraeum, pectoris latera una cum antipedibus alba ; abdominis latera, una cum tibiarum posticarum lateribus externo et postico ferrugiuea, saepe et abdominis pars postica eodem colore ;—podia postica alba, non raro macula ferruginea tarsi ;—ungues falculares magni, nigri, apice albidi. Cauda dimidio corpore longior, depressa, disticha, longe pilosa, subtus ferruginea unicolor, supra et lateribus pilis basi ferrugineis, vel ferruginosis, apice nigris, extremo albis.

Mensurae :

Longitudo corporis, a rostro ad caudae basin 9″ 4‴

Longitudo caudae cum pilis sumptae   . . . . $6''$ —

pili caudam excedunt . . . . $1''$ $7'''$

unguis digiti medii maniculae . . . . $5'''$

— — — — — podarii . . . . . $3\frac{1}{2}'''$

Inveniuntur exemplaria majora et minora.

—

GEORYCHUS LUTEUS Ev.

Animalculum hoc, quod in Bulletin des Naturalistes de Moscou 1840 N° I. pag. 25 descripsi, patria gandet sat extensa, nam nuperrime exemplar, circa lacum Noor-Saisau captum, accepi, quod non differt nisi colore viliore.

HYPUDAEUS OBSCURUS Ev.

H. Supra fusco-nigricans, subtus albidus, auriculis vollosis vix vellere prominulis, cauda $\frac{1}{4}$ corporis.

Species haec, quae montes altaicos incolit, subsimilis est H. oeconomo et H. arvali, differt antem ab ambobus vellere mutto breviore et auriculis dense pilosis.

Descriptio. Dentes primores superiores et inferiores fulvi. Corpus supra nigricans pilis apice sordide luteolis, quibus autem color niger non obtegitnr ; — subtus vellere raro, albido, pilis albis, basi nigricantibus, quo color coerulescenti-albidus efficitur. Mystaces setis capite brevioribus nigris, apice albis. Anriculae dense pilosae, vellere paulum prominulae. Pedes, eodem quo abdomen colore, unguibus albis, vola nuda. Cauda exannulata $\frac{1}{4}$ corporis, albida, in dorso obscurior, pilis brevibus obsita.

Mensurae :

Longitudo corporis	$4''$	$3\frac{1}{2}'''$
caudae sine pilis	$1''$	$1'''$
Pili caudam excedunt		$1'''$
Aures vellus excedunt circiter		$1\frac{1}{4}'''$

—

CORVUS CORONE.

Celeberr. Pallas in Zoographia roso-asiatica monet, Corvum Coronem in Rossia, nisi boreali, vix usquam occurrere, in Sibiria autem orientali copiosissimum esse. Corvus Corone in provincia Casanensi invenitur, quamquam raro; duo exemplaria in Universitatis museo equidem servo, quae circa Casanum occisa sunt. Corone Siberiae orientalis autem a Corone genuina, saltem a Casanensi, differt, et speciem propriam efficere mihi videtur, quam sub nomine Corvi orientalis his refero. Forsitan eadem est corvi species americana, quam sub nomine C. brachyrhynchi descripsit cel. Brehm in: Beitraege zur Vogelkunde II, p. 56, licet descriptio non bene congruat.

Corvus orientalis Sibiriae simillimus est C. Coronae, sed,

ut videtur, paulo major, certe cauda et alae longiores sunt, quam in Corone Casanensi. Differt autem praecipue rostro crassiore, apice minus acuto, magis incurvo, ante apicem multo altiore, quam in Corone, tomiis continue incursis, mandibulari apice recto. In Corone Casanensi tomium inter et nares, utriusque lateris, linea elevata reperitur, quae in rostri basi incipit et, sensim descendens, tomium in rostri medio altingit. In C. orientali spatium inter tomium et foveam narium rotundatum et laeve est. Rostri longitudo variat in C. Corone ut in C. orientali; forma autem semper eadem est. Rostrum Corvi orientalis fere eadem forma est, qua rostrum C. Cornicis. Altitudo rostri, supra angulum mentalem explorata, in C. Corone Casanensi est sex linearum, in C. orientali autem $7\frac{1}{2}$—8 linear. (rostris utriusque speciei aequelongis adhibitis).—Diagnosin ambarum specierum specificam sic exhibere velim:

CORVUS CORONE.

C. Coeruleo-ater, rostro modice acuminato, linea elevata horizontali infra nares, tomium in rostri medio attingente.

CORVUS ORIENTALIS.

C. Coeruleo ater, restro valido, crassiusculo, incurvo, tomiis continue involutis, mandibulari apice recto, spatio inter nares et tonium maxillare rotundato, laevi.

Exemplaria mea circa fluvium Narym, ultra oppidum Buchtarma, occisa sunt.

COCCOTHRAUSTES, *an* CAUCASICUS, *Pall?*

F. Gastraeo capiteque sanguineis albido-guttatis, notaeo sanguineo-fusco, rectricibus remigibusque nigris.

Pulcherrima avis, mole non major quam Coccothrastes vulgaris, sed ob caudam magnam longior. ˎ Rostsum crassum conicum, eadem forma, qua rostrum Fr. Chloridis, sed majus, medium tenet inter ejus et Coccothraustis rostrum,—pallide nigricanti-corneum. Vibrissae nigrae. Plumulae capitis, colli subtus, pectoris et abdominis in apice albae, sanguineo-limbatae, crissum versus sensim pallescunt ; plumulae notaei fuscae, dilute sanguineo-marginatae ; uropygium roseum, vel dilute sanguineum. Alae mediocres medium caudae attingunt, nigricantes, remigibus tectricibusque externe rubro-marginatis. Cauda longiuscula nigra, rectrice utrinque prima externe tenuissime albido-marginata, reliquis externe rubicundo-marginatis. —Habitat in montibus altaius, circa pagum Uimon.

Mansurae :

Longitudo avis a rostri apice ad caudae apicem $7''$ $6'''$

caudae . . . . $3''$ $8'''$

rostri ab angulo frontali . . . . $6\frac{1}{2}'''$

gonydis . . . . $5'''$

Altitudo rostri baseos . . . . $5'''$

Latitudo rostri baseos . . . . $5'''$

Longitudo tarsi . . . . $9\frac{1}{2}'''$

digiti medii cum ungue . . . . $10\frac{1}{4}'''$

unguis . . . . , ... $3'''$

digiti postici sine ungue . . . . $3\frac{1}{2}'''$

unguis . . . . $3\frac{3}{4}'''$

Avis supra doscripta fortasse non differre a Coccothrauste caucasico Pall. Zoogr. (Loxia rosea Güld.) ; cum autem diagnosis, a cel. Pallasio relata, nimis brevis sit, et iconem atque descriptionem cel. Güldenstaedtii coram non babeam, rem dubiam decernere nolim.

—

FRINGILLA ORIENTALIS Ev.

Passer carduelis var. Pall. Zoogr.

F. Supra cinerea, abdomine, crisso uropygioque albis, pectore griseo, facie rubra, lora nigra, cauda alisque atris, remigibus basi flavis, remigibus secundariis exterius albis, rectricibus quatnor intermediis apice albis, extima macula alba interioris vexilli.

De hac fringilla tradit Pallas in Zoographia Tom. II, pag. 16, et illam credit varietatem Fringillae carduelis esse. Certe simillima est Fringillae cardueli, et statura et magnitudine perfecte convenit ; differt autem capitis nigredine omnino deficiente, dorso cinereo (non fuscescente) et remigibus secundariis exterius albis ; caeterum remiges primarü et secundarü carent apice albo. Me judice haec Fringilla eodem modo refertur ad

2

Fr. carduleme, quo e. gr. Bombycilla garrula ad Bom. america-
nam,—vel CorvusCorone ad C.orientalem et brachyrhynchum
Brehmii, etc. In regionibus inter se longe remotis, climate
antem similibus, plantae et animalia similia, quamquam specie
diversa, aluntur.

—

EMBERIZA ICTERICA, Ev.

E.   Subtus flavissima, supra viridi-flava, capite guttureque
ferrugineis, alis caudaque nigris.

Habitat in campis elatis et in litoribus saxosis orientalibus
maris Caspii,nec non in locis clivosis sub montium Altaicorum
radicibus, circa Bist, etc.

Descriptio.   Paulo minor quam E. Citrinella, sed major quam
E. aureola ; Emberizis genuinis adnumeranda. Forma et
color rostri exacte ut in E. aureola. Ingluvies, gula capi-
tisque latera ferruginea; capitis pars superior aurantiaca,
cum colore cingente diluta ; dorsum viridi-flavum, inter
scapulas lituris scapinis fuscis maculatum. Uropygium,
pectus,abdomen et crissum totum flavissima. Alae,caudae
medium superantes, nigricantes, remigibus tectricibusque
superioribus externe griseomarginatis. Cauda bifurca nigricans, rectrice utrinque prima externe albo-marginata,
reliquis in margine externo levissime viridibus.

Femina supra ubique grysea lituris scapinis fuscis ; subtus
sordide, vel fusco-lutea, ventre crissoque flavis.

Mensurae:

Longitudo avis a rostri apice ad caudae apicem	$6''$	—
caudae	$2''$	$9'''$
rostri ab angulo frontali		$5\frac{1}{2}'''$
. . . . oris		$6\frac{2}{3}'''$
Altitudo rostri		$3\frac{1}{2}'''$
Longitudo tarsi		$10\frac{1}{2}'''$
digiti medii cum ungue $3''$		$9\frac{1}{2}'''$

—

SYLVIA ERYTHRONOTA Ev.

S. Capite cerviceque cinereis, dorso, gula, pectore caudaque subtus ferrugineis, ventre crissoque albidis, alis nigris tectricibus primis albis.

Descriptio. Habitus S. Phoenicuri, sed paulo major et robustior. Rostrum atrum eadem forma ac in Phoenicuro. Caput supra et cervix cinerea, frons albidior ; dorsum et uropygium ferruginea. Area utrinque capitis magna atra, supra nares a rostri basi incipiens, trans oculos continuata, palpebras superiores et colli latera occupans, usque ad alae flexuram producta, et colorem capitis cervicisque cinereum terminans. Guttur et pectus ferruginea, qui color postice sensim in colorem ventris et crissi album transit. Alae, caudae medium fere attingentes, nigrae, humerum versus atrae, remigibus griseo-marginatis, tectricibus primis, marginem ulnarem constituentibus, albis, ita ut macula elongata alba, supra paraptero nigro, infra tectricibus ultimis terminata, formetur;—tectricibus remiges primarios tegentibus nigris, in medio albis. Rectrices duae mediae nigricantes, reliquae ferrugineae, utrinque prima externo apicis margine nigricante. Pedes et ungues atri.

Duos mares habeo, 5 mensis Martii in saxosis montium altaicorum, prope pagum Uimon, occïsos.

Mensurae :

Longitudo avis (a rostri apice ad caudae apicem) $5''\ 8'''$

caudae . . . . $2''\ 9'''$

rostri ab angulo frontali . . . . $4\frac{3}{4}'''$

. . . . oris . . . . $7'''$

tarsi . . . . $10\frac{1}{2}'''$

digiti medii cum ungue $2\frac{1}{3}'''$ . . . . $8\frac{1}{2}'''$

—

SYLVIA CYANE Ev.

Motacilla coerulecula var. β.   Pall. Zoogr.

S.   Supra fusca, subtus ferruginosa, fascia jugulari cyanea.

Pariter ac S. coerulecula Pall. sua specie differt a S. suecica Linn., non minus S. coerulecula var. β. Pall. ab ambabus diversa est.—S. coerulecula Pall., quae in provincia Casanensi et Orenburgensi ubique abundat, guttur habet totum coeruleum, a pectore plumulis nigris separatum, in medio area transversa ferruginea ornatum. In S. coerulecula var. β., quae Sibiriam orientalem inhabitat, guttur ferruginosum est, et fascia transversa, seu semicirculo cyaneo a pectore separatur.— In avibus hornotinis plumulae capitis, cervicis et interscapulii nigrae, maculis scapinis albis guttatae ; plumulae gutturis et pectoris albae, nigro-marginatae; fascia gutturis cyanea nulla. —Quoad magnitudinem convenit cum S. coerulecula Pall.

———

TETRAO CAUCASICUS Pall.

(Perdix altaica Gebl?)

Multa admiratione defixus inter caetera animalia, in montibus altaicis collecta, Tetraonem caucasicum Pall. inveni. Tria exemplaria indidem accepi, quae inter se paululum differunt, sed, pro dolor! omnia, ut videtur, sunt feminae, quoniam calcari carent, quamquam homo, qui ea occisa misit, unam eorum feminam esse affirmat. — Cum avis, de qua agitur, ad tempus parum nota sit, exemplarium meorum descriptionem non negligam, eoque minus, cum non solum inter se differant, sed etiam de exemplari quod celeberr. Pallas descripsit, nec non de eo, quod apud Dom. Moltschulsky vidi et in Bulletin des Naturalistes de Moscou 1839 N° 1 delineatnm est. — Duo meorum exemplaria, quae vere occisa sunt, inter se accurate conveniunt (unum eorum marem esse affirmatur, sed dubito, forsitan juvenis), exemplar tertium autem, autumno occisum, differt.

Descriptio duorum exemplarium, mense Aprili occisorum. Squamae narium fornicatae, oculi tractusque nudus poneoculos (venatore affirmante) flavissima ; pedum digiti et tarsi nudi rubri. — Caput, collum et plumulae proram tegentes, in dorso postice semicirculonigro terminatae, pallide cinerea, vel sordida ; pars pectoris posterior, abdomen et crissum alba; braccae et plumulae tibiales undique nigrae; guttur album, lineis scapinis nigris variegatum ; plumulae pectoris anterioris nonnullae apice albae, dimidiatim nigro-marginatae. Stragulum una cum caudae tegminibus cinereum, tenuissime nigro-undulatum et pulveratum; tectrices alarum et tergum passim albo-maculata. Remiges primarii albidi, apice cinereo-nigricantes ; secundarii nigricantes. Cauda tegminibus superioribus fere ad apicem usque tecta; rectrices supra einereae, basi albidae, apice nigrae, extimo sordide albido, — sublus albae, apice nigrae, extimo sordide albo. Pedes nudi, nisi tarsi parte prona, tibiae proxima, plumosa, tarsotheca clypeato-scutulata, loco calcaris clypeo majore nitido notata ; acrodactyla scutulata; paradactyla mutica, sine lomate. Hallux insistens digito interno triplo brevior. Ungues validi, obtusi.

Exemplar autumnale differt cingulo interseapilio nigro, colli plumulas sordide albidas terminante, deficiente, — et maculis crebris magnis albis ubique in stragulo (in dorso et alarum tectricibus) dissipatis.

Habitat avis, quae a venatoribus altaicis tetrix chinensis
auditur, in summis alpibus circa fluvii Tschujae fontes et in
adjacenti territorio chinensi.

—

SYRRHAPTES PARADOXUS Ill.

Tetrao paradoxa Pall.

Cum feminaeet juvenes mirae hujus avisornithologisadhuc
lateant, ego autem compluria specimina, et mares et feminas
et juvenes, possideam, eorum differentiam exhibere ausim.

Mares adulti optimeconveniuntcumdescriptione celeberr.
Pallasii, in Zoographia rosso-asiatica data ; diligentius autem
celeb. Lichtenstein eos descripsit in Eversmann's Reise nach
Buchara. cui descriptioni nihil addendum videtur.

Femina minus distat a mare quam in multis aliis avium
speciebus, ejusque plumarum colores sat elegantes sunt ; ea,
aeque ac mas, gaudet pennis caudae duabus longioribus acutis-
simis, quae eadem longitudine, qua in mare, eodemque colore
sunt: basi cinereae, apice nigrae. Sunt autem plura nota, quibus femina differt. Caput et cervix, quae in mare immaculata,
in femina nigro-maculata sunt, et ea maculatio sensim in ma-
culationem dorsi transit ;— plumulae dorsi pariter nigro-fas-
ciatae sunt, ac in mare, fasciae autem sunt angustiores et an-
gulatae (in mare rectae) ;— gula, sinciput et latera capitis

fulva quidem, ut in mare, sed pallidiora, et insuper gula fulvida semper semicirculo simplici atro terminatur et a jugulo separatur, qui circulus in mare nunquam videtur. Circulus niger jugulum maris ambiens, e taeniolis crebris transversis nigris compositus, in femina omnino deest, sed jugulum cinereo-vinaccum continuo in pectus transit; pectus postice albescit;— epigastrium atro-brunneum, (in mare atrum);— venter et crissum alba, ut in mare;—tectrices alarum primae, quae in mare immaculatae, in femina atro-maculatae, fere eodem modo ac dorsum, ita ut quaeque plumula ante apicem macula atra notata sit. Reliquis femina a mare non differt.

Avis vere exclusa jam Augusto mense plumas novavit, et tunc parum ab adultis differt, cum femina, tum mas, ita ut' signis supra relatis sexus facillime cognosci possit; etiam pennae duae caudales elongatae jam adsunt, quamquam minores. Ab adultis autem differt avis annotina magnitudine minore et coloribus minus elegantibus.

Volant aves magnis turmis, non solitariae, in campis aridis et arenosis deserti Kirgisici, a mari Caspio usque ad Chinae fines.—Narrantur eae, si ad fontem pervenerint, talem aquae copiam bibere, ut evolare non valeant, ita ut homo subito adcurrens eas manibus capere possit.

—

ADDENDA

CELEBERRIMI PALLASII

ZOOGRAPHIAM ROSSO - ASIATICAM.

FASCICULUS III.

AUCTORE

Dre EDUARDO EVERSMANN.

Ex Universitatis officina typographica.

1842.

Перепечатано изъ Ученыхъ Записокъ книжки 3-й 1842 года.

I. MAMMALE,

LAGOMYS ATER, Ev.

L. Totus aterrimus, auriculis concoloribus.

Eadem statura, qua reliquæ hujus generis species, etiam aurium proportione non differt, sed, ut videtur, animalculum omnes Lagomyes vincit magnitudine, cum plerumque paulo major est quam L. alpinus.—Corpus totum coeruleo-atrum, solummodo plantæ grisescentes.

Habitat in montibus Altaicis eadem loca cum L. alpino; e. gr. circa pagum Uimon non raro occurrit.

—

II. AVES.

VULTUR CINEREUS auctor.

Temm. Man. d'Orn. I. p. 4. — Naumann Naturg. der Vögel Deutschl I. p. 155. — Gyps cinereus Keyserl. u. Blasius Wirbelth. Europ. p. 133. n. 4. —

1

V. fusco-niger, capite fusco-lanuginoso, collo dimidio superiore nudo albo-coerulescente, — collari plumaceo obliquo, postice adscendente, antice jugulum plumosum includente,—tarsis seminudis,—cauda rectricibus duodecim.

Vultur hic omnibus exacte convenit cum Vulture cinereo auctorum recentium, in Naumanni filii Ornithologia l. c. descripto et picto,—nec non critice separato a Vulture Percnoptero Pall. Zoogr. I. p. 375. in opere supra citato cel. Keyserlingi et Blasii ; qua de eausa Vultur noster cum Vulture Percnoptero Pall., pro quo antehac habuerunt, non confundendus est. — Vulturis cinerei nomen pessime electum, cum tota avis nihil cinerei coloris habeat, sed ubique fusco-nigra est.

DESCRIPTIO. Omnium avium nostratium terrestrium maxima : a rostri apice ad caudæ apicem 4 pedes Parisior.; expansio autem alarum 9 pedes superat. Rostrum ab angulo oris ad apicem $3\frac{3}{4}$ poll. longum, et fere duos pollices altum,—nigrum, aut coerulescenti-nigrum; cera e luteo livida; nares rotundæ, pone ceræ marginem anticum in medio positæ. Tarsus paululum ultra medium plumosus; pedis pars nuda sordide carneo-flavescens. Caput lanugine molli fusca tectum ; regio ophthalmica et colli pars superior nudæ, albo-coerulescentes; ingluvies et gula plumulis minutis pilosissimis vestitæ, apertura auris plumulis pilosis rigidis excentrice cincta; supercilia pilosa; palpebræ setis vel pilis longis rigidis ciliatæ. Collare, e plumis longis lanceolato-acuminatis fusco-nigris formatum, a sterno

antico oblique ad auchenium adscendit et partem colli inferiorem, et præcipue anticam, plumulis brevibus fusco-nigris vesti-
tam a pectore et dorso disjungit. Reliquum totum corpus ubique obscure fuscum, seu fusco-nigrum, exceptis remigibus primariis atris. Dum avis in terra ingreditur, caudæ rectrices,
quarum duodecim, usu plerumque tali modo deteruntur, ut
rhachides nudæ longe exstent.

Habitat in promontoriis Uralensibus australibus et occidentalibus, in montosis inter fluvios Sacmaram et Ic, nec non
in montibus silvosis Obtschei-Syrt altioribus, qui jugo
Uralensi proximi. Nidificat in altissimis arboribus. Femellam,
in plumarum mutatione occupatam, a nido evolantem occidit
mensis Iulii 15-to die, anno 1836, nobilissimus, excellentissimus
D. Perovsky, provinciæ Orenburgensis præfectus militaris.
Postea jubente Perovsky complnria individua, cadavere ines-
cata, occisa sunt, quorum duo possideo.

—

VULTUR FULVUS Briss.

Brisson Orn. 1. p. 462. n. 7. — Naumann Vögel Deutschl. 1. p.
162. —

V. ferrugineo-fuscescens, sordidus, capite et collo plumulis minutis lanuginosis albidis æqualiter vestitis,—
collari dimidiato auchenii, plumis elongatis pilosis

formato — cauda rectricibus quatuordecim, — tarsis nudis basi plumosis.

DESCRIPTIO. Paulo minor quam Vultur cinereus. — Caput et collum plumulis minutis lanuginosis et pilosis, lutescenti sordide albidis ubique æqualiter tecta. Auchenium collari dimidiato, e plumis elongatis pilosis ferrugineo-albidis formato, a dorso separatum. Stragulum ferrugineo aut griseo fuscum, sordidum; gastræum sordide fusco-ferrugineum. Alarum tectrices ultimæ nigro-fuscæ. Remiges et rectrices fusco-atræ. Cauda alis complicatis longior, rectribus 14. Pedes nudi pallide et sordide lividi; tarsus in pagina antica triente superiore plumulis lanuginosis tectus.

Habitat eadem loca promontoriorum Uralensium cum Vulture cinereo, et videtur majore copia adesse, qnam ille. Victitat cadavere, quo inescatur.

—

FALCO (FALCO) CENCHRIS Naum.

Naum. Vögel Deutschl. I. p. 318. — F. Tinnunculoides Natt. in Tomm. Man. d'Orn. I. p. 31.

F. maxilla ante apicem utrinque argute dentata, — pedibus, orbita ceraque flavis, — unguibus pallide flavescentibus; — dorso ferrugineo, abdomine ferrugineo-albido, nigro-maculato.

Mas: dorso læte ferrugineo, immaculato—capite, ptero-
mate, remigibus secundariis caudaque nigro-termi-
nata cinereis.

Fem: supra ferruginea, transverse nigro-maculata,—
cauda cinerea, nigro-fasciata fasciaque terminali lata.

Habitat in collibus et campis herbidis promontoria Uralensia australia ambientibus, nec non in campis herbidis ad
fluvium Irtysch.

—

FALCO (CIRCUS) CINERACEUS Montagu.

Montagu Trans. of the Linn. Soc. IX. p. 188. — Naum. Vögel
Deutschl. I. p. 402.

F. rostro mutico,—alis longissimis caudæ rotundatæ
fasciatæ apicem attingentibus,—remige tertia reliquis longiore.

Mas: cineraceus, abdomine femoralibusque albis, ferru-
gineo-lituratis,—remigibus primariis fasciaque se-
cundariarum nigris.

Fem: supra sordide fuscescens, vertice ferrugineo, nigro-
striolato,—subtus alba, ferrugineo-liturata.

I u v : supra fuscus, uropygio albo, — subtus brunneo-
ferrugineus immaculatus, — gena nigra, maculam
infraorbitalem triangularem albam includente.

Habitat in provinciæ Oreuburgensis campis herbidis, in
promontoriis Uralensibus humilioribus, nec non in campis herbidis orientalibus ad fluvium Irtysch.

—

GARRULUS BRANDTII Ev.

G. capite colloque læte ferrugineis, ambitu oculorum
maculisque pilei nigris, vitta utrinque mystacali a-
tra,—tergo cinereo, abdomine rufescente, uropygio
crissoque albis, alarum tectricibus remigumque inter-
mediarum basi coeruleo nigroque fasciatis,— pedibus fuscis.

Descriptio. Statura et colorum distributio omnino,
ut in G. Glandario, ita ut ejus varietatem crederes, qua de
causa descriptionem prolixam evitabo et solummodo signa discretoria exhibebo. — Quinta aut sexta parte minor est quam
Glandarius. Caput et collum læte rufo-ferruginea, qui color
etiam interscapulii partem anteriorem occupat et cum reliquo
dorso cinereo parum diluitur. Regio ophthalmica, lora, plumulæ mastacales nares tegentes et maculæ scapinæ pilei nigra;
vitta autem mystacalis atra non differt ab ea Glandarii. Ro-

strum paulo gracilius et magis acuminatum est, quam in Glandario, et maxillæ apex minus inflexus. Pedes fusci, non pallidi.—Cetera cum Glandario congruunt.

Habitat in montium Altaicorum altiorum silvis Pini Cembræ et victitat ejus seminibus ; etiam hyeme ea loca non relinquit. Evulsione nucleorum rostrum saepe deteritur et lævigatur, qua re areolæ nitidæ formantur; interdum rostri indumentum corneum tali modo defricatur, ut magna maxillæ osseæ pars nudetur.—Incolis Altaicis hæc avis Kukscha auditur.

Nomen dedi in honorem celeberrimi Academici Brandt, cuique fama sat noti.

—

SYLVIA FLUVIATILIS Wolf.

Meyer u. Wolf Tascheub. I. p. 229. — Naum. Vögel Deutschl. III. p. 694. — Salicaria fluviatilis Keyserl. u. Blas. Wirbelth. p. 180. n. 197. —

S. supra olivaceo-fusca, immaculata,—subtus olivaceo-fuscescens, abdominis medio gulaque albidis, hac fusco-liturata, — remige prima tectricibus breviore, remige secunda reliquis longiore.

DESCRIPTIO. Rostrum, quo ad formam, ad Sylviam Phragmitis accedit, sed ante nares paulo magis contractum est, ibique fere æque latum ac altum; maxilla fusca, ejus tomia et mandibula sordide flavescentia. Pedes fortiusculi, sordidi carnei coloris. — Supra avicula obscure olivaceo-fusca, unicolor, — obscurius colorata est, quam e. gr. S. arundinacea, palustris, etc.; uropygium dorso concolor, aut paulo minus olivaceum; lora et palpebræ vix capite pallidiora. Ingluvies et gula albidæ, lituris fuscis dilutis maculatæ ;jugulum et pectus olivaceo-fuscescentia, obscurius liturata, abdomen medio albidum lateribus sensim olivaceo-fuscescit; subcaudales fuscescentes, apice lato albido. Alarum tectrices superiores dorso concolores, remiges fuscæ. Remex prima minuta acuminata, tectricibus superioribus multo brevior ; remex secunda reliquis longior. Cauda rotundata, aut gradata, rectricibus fuscis.

Sylvia fluviatilis inhabitat fruticeta riparia humida, verno tempore inundata, provinciæ Casanensis, Orenburgesis borealis et promontoriorum Uralensium; prata humida, arbusculis et fruticibus vestita, maxime amat, pariter autem non reformidat convalles promontoriorum Uralensium silvosas, rivulis irrigatas, et betuleta adjacentia. Nullibi rara est, et abundat in monticulorum Obtschei-Syrt orientalium declivitate australi, ad fluvium Sacmaram in eamque influentes Ic, Sureen, Taschla, etc. Cantu animum advertente facile indicatur, sed raro videtur; semper enim in fruticibus densissimis versatur et cantillat; cantu finito in frutice per ramulos adscendit et tunc videri potest, sed momento tantum temporis, cum statim in fruticem propinquum transvolat et iterum occultatur. Hominem adpropinquantem timet, præcipue in frutice minus denso sedens. Cantus maxime similis ei Locustarum, et vix distingui potest nisi sono fortiore, unde avicula aucupibus Casanensibus Swertschok (Acheta domestica) auditur. Cantillat praecipue matutino et vespertino tempore, sed etiam medio die, alio quoque tempore ; cantum monosonum per sat longum tempus continue profert, et post breve silentium denuo incipit. Ante Iulium extremum jam cessat cantare, et, ut videtur, citius nos relinquit quam reliquae Sylviae.

—

SYLVIA ARUNDINACEA Briss.

Curruca arundinacea Brissou Orn. III. p. 378. — Sylvia arundinacea Lath. Ind. Ornith. p. 510. — Naumann Vögel Deutschl III. p. 614. — Salicaria arundinacea Keys. u. Blas. Wirb. p. 181. n. 200.

S. supra e griseo et olivaceo fusca, immaculata, — subtus albida, lateribus ferruginosa, vitta superciliari albida, — remige tertia reliquis longiore, remige prima minuta, tectricibus subæquante.

DESCRIPTIO. Sylvia hæc magnitudine, colore et remigum proportione similima S. palustri, sed statura minus gracili.—Rostrum paulo robustius, longius et latius est quam in S. palustri; maxilla fusca, ejus tomia et mandibula flavescentia. Pedes sordide carneo-flavescentes.—Avicula supra e griseo et olivaceo fusca, sed multo minus olivacea quam S. palustris; uropygium autem in olivaceum vergit ; vitta superciliaris pallide et sordide ferrugineo-albida. Gastraeum e ferrugineo sordide albidum, lateribus obscurioribus, vel ferrugineo-fuscescentibus, gula alba; alarum et caudæ tectrices inferiores sordide ferrugineo-albidæ. Alæ et cauda rotundata sordide fuscæ, remigibus rectricibusque vix pallide marginatis. Remex prima tectricibus superioribus plerumque paulo longior; remex secunda æquatur quintæ; tertia omnibus longior.

Una cum S. palustri abundat in promontoriis Uralensibus et in collibus campisque adjacentibus: in montibus Obtschei-Syrt, ad fluvios Ural superiorem, Samaram, Sacmaram, Salmysch, Jc, etc.—Amat aquarum ripas fruticibus et arbusculis vestitas, uliginosas, vel sine arundine, vel ea intermixta. Autumno inter ultimas avolantes videtur.

—

SYLVIA SCITA Ev.

S.   supra olivaceo-fusca, immaculata, striga superciliari albida,—subtus albida, ferrugineo mixta,—remige prima tectricibus longiore, remige secunda sextam adæquante, tertia reliquis longiore,—cauda rotundata.

Sylvia hæc, quæ Salicariis Keys. et Blasii adnumeranda est, coloribus ad Sylviam palustrem proxime accedit, differt autem corpore dimidio minore, rostro graciliore et remige prima tectricibus multo longiore.

DESCRIPTIO. Rostrum gracile ante nares æque latum ac altum, maxillæ fuscæ tomiis mandibulaque tota flavescentibus. Pedes plumbei coloris, seu sordide cœrulescentes, pallidi. — Supra avicula e grisco fusca, in olivaceum vergens, immaculata, eodem colore, quo Sylvia palustris, uropygio paululum in ferruginosum vergente, lora et oculorum circulo sordide albidis ; — subtus ferrugineo-albida, ingluvie et gula albis, jugulo et pectore magis ferrugineis aut rufis. — Sylviæ palustris color gastræi in luteum vergit; Sylviæ scitæ gastræum refescit. — Alarum tectrices inferiores e ferrugineo luteo-albidae. Remiges supra fuscæ, margine externo rufo diluto; subtus griseo-fuscæ, sericeæ, margine interno lato carneo, sericeo. Remex prima $2\frac{1}{3}'''$ longior quam tectrices superiores ; remex secunda æquat sextam et $2\frac{1}{8}'''$ brevior est quam tertia, quæ est longissima. Cauda rotundata, supra remigum colore fusco, subtus griseo-fusca, sericea, fasciis seu lineis transversis pluribus (10—14) obscurioribus obsoletis.

Rivulorum ripæ, arbusculis et fruticibus variis obsitæ, in campis et collibus promontoria Uralensia proxime limitantibus hospitio excipiunt hanc aviculam venusculam, quæ fere eadem loca fruticosa humidiuscula una cum S. palustri frequentat; maxime autem amat virgulta humiliora passim plantis altioribus intermixtis ad fruticetorum margines, pratis limitatos. Minus agilis est quam reliquæ Sylviæ: e frutice abacta directione ad ri-

vulum non longe avolat, in alio frutice locum capit et plerumque in loco capto aliquod tempus remanet, ita ut facilis dejectu
sit. Paulo tardius, ut videtur, nos relinquit, quam reiiquæ Syl·
viæ: abit sub finem Augusti et initio Septembris.

Mensurae:

Longitudo totius avis a rostri apice ad caudæ apicem usque
$$4'' \ 8''' \ \text{Parisior:}$$
    caudæ $1'' \ 11'''$

    tarsi $8\frac{3}{4}'''$

    digiti medii cum ungue $5\frac{1}{3}'''$.

    culminis rostri $4'''$.

Latitudo et altitudo rostri ante nares $1\frac{1}{4}'''$.

Cauda alis complicatis longior $1''$.

—

SYLVIA ICTERINA Vieill.

Vieillot Nouv. Dict. d'hist. nat. XI. p. 194. — Ficedula icterina Keys.
u. Blas. Wirbelth. Europ. p. 105. n. 218. —

S. supra olivacea, vitta superciliari flavida, — subtus
flavescenti-alba, tectricibus alarum inferioribus fla·
vis ; — remige prima tectricibus longiore, secunda
quintam subæquante ;—pedibus fuscis.

Simillima S. Trochilo et S. rufæ cademque statura et magnitudine; a S. Trochilo differt pedibus fuscis pelmateque flavissimo, a S. rufa autem differt remigum proportione, gastraeo albiore, nec non pectore et gula magis flavis.

Habitat in provincia Casanensi et Orenburgensi boreali. Amat fruticeta herbis variis intermixtis ad rivulorum ripas; pariter amat prata fruticibus vestita et convalles humidas promontoriorum Uralensium. Nidum construit e graminum culmis in fruticibus densis, circiter duos pedes, aut plus, supra terram. Ponit ovula 4—5 coerulescenti-viridula, punctis crebris et maculis nonnullis sat magnis griseis et fuscis adspersa. Mas, in nidi propinquo sedens, perpetuo profert cantum maxime monosonum, qui fere instar syllabarum ten-tin-ten-tin-etc. auditur, qua de causa aucupes Casanenses avem dicunt Tenkovka et a S. Trochilo eam bene distingunt.

—

SYLVIA RUFA Lath.

Latham Ind. Orn. II. p. 516. — Naum. Vögel. Deutschl. III. p. 381. — Ficedula rufa Keys. u. Blas. Wirbelth. p. 185 n. 219. —

S. supra olivacea, subtus flavescenti-albida, tectricibus inferioribus flavis; — remige prima tectricibus longiore, — secunda septimam æquante, — a tertia ad sextam vexillo externo angustato, — pedibus fuscis.

Eadem magnitudine et statura, qua S. Trochilus eique simillima, cognoscitur autem remigum proportione diversa et pedibus fuscis. — Rostrum gracile ut in Trochilo, sed paulo minus; maxilla fusca; mandibula flavescens. Corpus supra olivaceum, uropigio lætius colorato, vitta superciliari flavida; — subtus albidum, obsolete flavo mixtum, jugulo hypochondriisque e fusco flavescentibus; tectrices alarum inferiores et campterium flava; rectrices, remiges et alarum tectrices superiores ultimæ fuscæ. Cauda emarginata. Pedes fuscæ, pelmate flavo.

Habitat in provinciæ Casanensis salicetis humidis, ad fluviorum ripas, etc. — Venit et abit cum congeneribus.

—

SYLVIA ATRICAPILLA Briss.

Curruca atricapilla Brisson Orn. III. p. 380. — Naum. Vögel. Deutschl. II. p. 492. —

S. subtus cinereo-albida, lateribus obscurior, — supra ex olivaceo fusco-cinerea, collo cinereo, pileo maris atro, feminæ brunneo; — remige prima tectricidus longiore, remige tertia omnibus longiore.

Inter Sylvias magna, sed paulo minor quam S. Nisoria; facile cognoscitur capitis cucullo atro aut brunneo. — Rostrum nigrum; pedes coerulescenti-plumbei. Capitis pars superior in mare atra, in femina et juvene brunnea; cervix cinerea; stragulum e cinereo fusco-olivaceum: gula cinereo-albida; jugulum, pectus et abdomen e fuscescenti sordide albida, lateribus obscuriora; crissum sordide albidum. Alarum tectrices superiores ultimæ, remiges et rectrices unicolores griseo-nigrae, aut fuscæ; tectrices alarum inferiores sordide albidæ, griseo-lituratæ. Cauda emarginata.

Habitat in provincia Casanensi et Orenburgensi boreali, in promontoriis Uralensibus, ad aquarum ripas silvosas, arboribus altis (Salicibus et Pupulis) et fruticibus intermixtis; sed nullibi frequens est, semper in spatio sat extenso unius nidi familia tantum reperitur.

—

COLUMBA FERRAGO Ev.

C. fronte cana, vertice schistaceo, cervice rufa: coloribus dilutis, — gutture pectoreque fusco-rufescentibus, abdomine albo, — macula colli utrinque atra: lunulis caesio-coerulescentibus; — pennis scapularibus tectricibusque superioribus late ferrugineo-marginatis, — rectricibus apice albis, exceptis duabus mediis totis albis.

Columba hæc simillima C. Turturi, sed quarta vel tertia parte longior, ergo mole fere duplo major, et eadem magnitudine, qua Columba Oenas Briss., nisi, ob caudam longiorem, paulo longior. Coloris distributio perfecte ut in C. Turture, cujus varietatem perfunctoria contemplatione crederes: qua de causa prolixa descriptione omissa solnumodo ejus signa discretoria exhibebo.

Rostrum coloratum, vel fuscum vel rubrum (iu exemplar exsiccato ejus color dognosci non potest, patet autem non esse nigrum); iu Turture nigrum. — Pedes rubri, duplo fortiores quam in Turture, æque fortes ac in C. Oenade, digiti autem paulo longiores quam in Oenade. — Frons pallide et sordide lutescens, vertex coerulescens, sinciput nigro-schistaceum, cervix fusco-ferruginea: coloribus sensim confluentibus et dilutis; in Turture omnes hæ partes corulescentes, concolores.—Jugulum et pectus fusco-rufa; in Turture vinacea. — Plumulæ colli laterales atræ coerulescenti-cæsio marginatæ; in Turture albo-marginatæ. — Tergum et uropygium nigro-schistacea; in Turture schistacea. — Reliqui colores parum differunt ab iis Turturis.

Columba ferrago inhabitat Songariæ loca montosa et rupestria, e. gr. in montibus Tarbagatai, una cum Turture et Columbæ Liviæ varietate rupicola Pall. Zoogr. I. p. 562, quæ, occasione oblata sit monitum, verosimillime est propria species: medium tenet inter C. Liviam et Oenadem, et cognoscitur corpore gracili Oenadis, tergo albo Liviæ et fascia lata alba caudae, ei propria.

STERNA CANTIACA Gmel.

Gmel. M. S. d. 606. n. 15. — Naum. Vögel Deulschl. X. p. 50. —

St. rostro nigro, apice flavescenti-pellicido, — penna-
rum scapis albis, — cauda forficata, — remigibus
supra canis, vexillo interno dimidiatim albo.

Longitudo avis 15—16 poll. Parisior., rostri ad frontem
2 poll. ; tarsi 1 poll.—Rostrum acuminatum nigrum, apice
flavescenti-pellucidum. Pedes nigri, pelmate luteo. Capitis pileus et occipitis plumulae elongatæ, nucham tegentes, atra; reliquum collum, gastræum, tota cauda et alae subtus candida;
tergum et alæ supra cana ; remiges primariæ canæ, scapo ve-
xilloque interno albis, hoc juxta scapum dimidiato longitudina-
liter nigro-cano. Cauda forficata usque ad tres pollices bifida,
rectrice utrinque extima longissima acuminata. Alae longissimæ,
cauda paulo longiores.

Juvenes differunt corpore nigro-fuscoque maculato, nec
non pileo fuscescente, albo-vario.

Habitat littora maris Caspii et aquas vicinas circa Rhymni
fluvii ostia.

3

www.ingramcontent.com/pod-product-compliance
Lightning Source LLC
Chambersburg PA
CBHW020731100426
42735CB00038B/1880